BEI GRIN MACHT SICH IHR WISSEN BEZAHLT

- Wir veröffentlichen Ihre Hausarbeit, Bachelor- und Masterarbeit
- Ihr eigenes eBook und Buch - weltweit in allen wichtigen Shops
- Verdienen Sie an jedem Verkauf

Jetzt bei www.GRIN.com hochladen und kostenlos publizieren

Bibliografische Information der Deutschen Nationalbibliothek:

Die Deutsche Bibliothek verzeichnet diese Publikation in der Deutschen Nationalbibliografie; detaillierte bibliografische Daten sind im Internet über http://dnb.d-nb.de/ abrufbar.

Dieses Werk sowie alle darin enthaltenen einzelnen Beiträge und Abbildungen sind urheberrechtlich geschützt. Jede Verwertung, die nicht ausdrücklich vom Urheberrechtsschutz zugelassen ist, bedarf der vorherigen Zustimmung des Verlages. Das gilt insbesondere für Vervielfältigungen, Bearbeitungen, Übersetzungen, Mikroverfilmungen, Auswertungen durch Datenbanken und für die Einspeicherung und Verarbeitung in elektronische Systeme. Alle Rechte, auch die des auszugsweisen Nachdrucks, der fotomechanischen Wiedergabe (einschließlich Mikrokopie) sowie der Auswertung durch Datenbanken oder ähnliche Einrichtungen, vorbehalten.

Impressum:

Copyright © 2018 GRIN Verlag
Druck und Bindung: Books on Demand GmbH, Norderstedt Germany
ISBN: 9783668939226

Dieses Buch bei GRIN:

https://www.grin.com/document/468336

Christina Götz

Kreuztabellen und zugehörige statistische Analyseverfahren

GRIN Verlag

GRIN - Your knowledge has value

Der GRIN Verlag publiziert seit 1998 wissenschaftliche Arbeiten von Studenten, Hochschullehrern und anderen Akademikern als eBook und gedrucktes Buch. Die Verlagswebsite www.grin.com ist die ideale Plattform zur Veröffentlichung von Hausarbeiten, Abschlussarbeiten, wissenschaftlichen Aufsätzen, Dissertationen und Fachbüchern.

Besuchen Sie uns im Internet:

http://www.grin.com/

http://www.facebook.com/grincom

http://www.twitter.com/grin_com

Lehrstuhl für Betriebswirtschaftslehre IV
Personalwesen & Führungslehre

WS 17/18

Kreuztabellen und zugehörige statistische Analyseverfahren

Projektseminar Personalmanagement

Christina Götz

28.02.2018

Inhaltsverzeichnis

1. Motivation und Zielsetzung dieser Arbeit 1
2. Methodische Vorgehensweise 1
   2.1. Erstellung der Kreuztabelle 1
   2.2. Prüfung des Zusammenhangs 4
      2.2.1. Statistische Unabhängigkeit 4
      2.2.2. Stärke des Zusammenhangs 6
3. Zusammenfassung und praktische Anwendungsfelder 8
4. Literaturverzeichnis II

1. Motivation und Zielsetzung dieser Arbeit

Bei der Auswertung von Daten ist es häufig nicht ausreichend, nur die Verteilung der einzelnen Variablen zu betrachten. Oft benötigt man zur Beantwortung der Fragestellung eine Untersuchung der Beziehung bzw. des Zusammenhangs zwischen den Merkmalen (Jann, 2005, S.59). Deshalb wird in dieser Arbeit die Vorgehensweise der bivariaten deskriptiven Statistik anhand der Kreuztabellierung und den zugehörigen statistischen Analyseverfahren genauer erläutert. Die Methode wird verwendet, wenn nicht nur einzelne voneinander isolierte Variablen untersucht werden, sondern wenn die Betrachtung der Verteilung der unterschiedlichen Wertekombinationen aus zwei unterschiedlichen Variablen notwendig ist (Holling und Gediga, 2011, S.153).

Die vorliegende Arbeit gliedert sich zu diesem Zweck in drei Abschnitte. Im ersten Schritt wird die Logik von Kreuztabellen und Kontingenztafeln erläutert. Des Weiteren erfolgt die Darstellung der methodischen Vorgehensweise für nominalskalierte Variablen. Hierfür wird die statistische Unabhängigkeit geprüft und das jeweilige Zusammenhangsmaß verwendet. Im letzten Teil erfolgt dann eine Zusammenfassung und eine Anwendungsempfehlung.

2. Methodische Vorgehensweise

2.1. Erstellung der Kreuztabelle

Zur Darstellung von Häufigkeitsverteilungen von zwei Merkmalen wird in der deskriptiven Statistik eine Kontingenztabelle oder auch Kreuztabelle verwendet. Sie gibt die Ergebnisse einer Datenerhebung tabellarisch wieder und zeigt die bivariate Häufigkeitsverteilung auf (Rönz, Strohe und Eckstein, 1994, S.193). Unter „Kontingenz versteht man das gemeinsame Auftreten von zwei Ereignissen" (Holling und Gediga, 2011, S.153). Die Kreuztabelle kann für alle Skalenniveaus verwendet werden. Allerdings ist es aufgrund der vielen Informationen, die in ordinal-, intervall- oder ratioskalierten Variablen enthalten sind, notwendig weitere Maßzahlen in die statistische Auswertung mit einzubeziehen, um eine möglichst gehaltvolle Aussage treffen zu können. Aufgrund des Umfanges dieser Arbeit wird im methodischen Teil aber nur auf die nominalskalierten Variablen eingegangen. Bei einer zu starken Ausprägung der Merkmale müssen diese allerdings zusammengefasst werden, da die Kreuztabelle sonst zu unübersichtlich wird (z.B. Einkommen in „niedrig", „mittel" und „hoch") (Jann, 2005,

	y_1	...	y_j	...	y_m	
x_1	h_{11}	...	h_{1j}	...	h_{1m}	$h_{1.}$
...	...	...	...	...	...	...
x_i	h_{i1}	...	h_{ij}	...	h_{im}	$h_{i.}$
...	...	...	...	...	...	...
x_k	h_{k1}	...	h_{kj}	...	h_{km}	$h_{k.}$
	$h_{.1}$		$h_{.j}$		$h_{.m}$	n

Tabelle 1 Formale Darstellung einer Kontingenztabelle k×m

S.60). Wenn beide Variablen eine Ausprägung von zwei haben entsteht eine 2×2-Kontingenztabelle, auch Vierfeldertafel genannt. Je nach Anzahl der Ausprägung ergibt sich so eine k×m-Kreuztabelle, wie in Tabelle 1 dargestellt. Hierbei ist die Variable X ein k-fach und die Variable Y ein m-fach gestuftes Merkmal. In der ersten Spalte stehen die Ausprägungen der Variable Y (i=1, ..., k) und in der ersten Zeile die Ausprägungen von X (j=1, ..., m). Die jeweils letzte Spalte bzw. Zeile zeigen die Randverteilungen der Merkmale an (Rönz et al., 1994, S.193). Wenn angenommen wird, dass eine der beiden Variablen von der anderen abhängt, dann wird die abhängige Variable oft über die Spalten hinweg verteilt und die unabhängige Variable in die Zeilen geschrieben (Holling und Gediga, 2011, S.154).

	Lieblingsfach in der Schule					
Geschlecht	Sprachen	Ma/NW	Sport	Ku/Mu	Sonst.	Gesamt
männlich	116	409	116	31	196	868
weiblich	190	197	62	64	101	614
Gesamt	306	606	178	95	297	1482

Tabelle 2 Zusammenhang von Geschlecht und Lieblingsfach in der Schule, Daten aus der Studie zur Berufswahl von Abele, Schute und Andrä (1999)

Um die verschiedenen Arten der Kreuztabelle besser darstellen zu können, werden die Daten einer Studie zur Berufswahl, die von Abele, Schute und Andrä (1999) mit 1482 Studierenden durchgeführt wurde, verwendet. Die Ausgangskreuztabelle (Tabelle 2) zeigt die absolute Häufigkeitsverteilung der Merkmale Geschlecht und Lieblingsfach in der Schule und in Abbildung 1 wird diese Verteilung mithilfe eines Balkendiagrammes grafisch dargestellt.

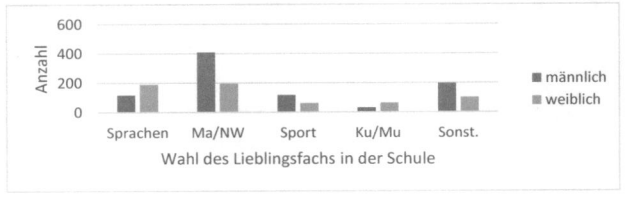

Abbildung 1 Grafische Darstellung der absoluten Häufigkeit

Eine weitere Art der Kreuztabelle ist die Kontingenztafel mit relativen Häufigkeitsverteilungen (Tabelle 3). Hierfür werden die einzelnen absoluten Häufigkeiten durch die gesamte Stichprobe (n) geteilt, dadurch zeigt sich, welchen Anteil die Antwortkombination an der Gesamtheit hat (Fromm und Baur, 2008, S.242).

Geschlecht	Lieblingsfach in der Schule					Gesamt
	Sprachen	Ma/NW	Sport	Ku/Mu	Sonst.	
männlich	7,8	27,6	7,8	2,1	13,2	58,6
weiblich	12,8	13,3	4,2	4,3	6,8	41,4
Gesamt	20,6	40,9	12,0	6,4	20,0	100,0

Tabelle 3 Kontingenztabelle mit relativer Häufigkeit (Angaben in %)

Zur genaueren Untersuchung der Zusammenhänge reichen diese beiden Tabellen allerdings nicht. Sie geben lediglich Rückschlüsse auf eventuelle Unregelmäßigkeiten in der Feldbesetzung (Jann, 2005, S.62). Deshalb verwendet man hierfür die bedingte Häufigkeitsverteilung. Die Befragten werden anhand ihrer Antworten in Untergruppen eingeteilt. Dies kann anhand der Spalten- oder der Zeilenausprägung passieren. Sollte davon ausgegangen werden, dass eine der beiden Variablen eine abhängige Variable ist, so unterteilt man die Stichprobe nach der Ausprägung des anderen Merkmals (Fromm und Baur, 2008, S.243). In Tabelle 4 wird die bedingte Häufigkeit für die Wahl des Lieblingsfaches in der Schule gezeigt. Das Merkmal Geschlecht wird in zwei Subgruppen unterteilt und daraufhin wird der Anteil der Studenten bzw. Studentinnen für die jeweilige Ausprägung des Lieblingsfaches errechnet. Somit ist die bedingte Häufigkeitsverteilung des Lieblingsfaches für die Studentinnen die relative Häufigkeitsverteilung, wenn nur das weibliche Geschlecht betrachtet wird. Das Ganze kann aber auch spaltenweise berechnet werden und gibt dann die bedingte Häufigkeit für die Variable Geschlecht an (Holling und Gediga, 2011, S.155). Die Ergebnisse der Tabelle 4 zeigen eine starke Unterscheidung zwischen den Geschlechtern.

Geschlecht	Lieblingsfach in der Schule					Gesamt
	Sprachen	Ma/NW	Sport	Ku/Mu	Sonst.	
männlich	13,4	47,1	13,4	3,6	22,5	100
weiblich	30,9	32,1	10,1	10,4	16,5	100

Tabelle 4 Kreuztabelle mit den bedingten Häufigkeiten für die Wahl des Lieblingsfaches (Angabe in %)

2.2. Prüfung des Zusammenhangs

Im nächsten Schritt soll nun geprüft werden, ob sich die Zusammenhänge, die in der Kreuztabelle erkennbar wurden, auch auf die Gesamtheit übertragen lassen oder ob es sich nur um einen willkürlichen Zufall handelt (Backhaus, Erichson, Plinke und Weiber, 2016, S.367). Da bei nominalskalierten Variablen kein genauer Abstand zwischen den Werten definiert ist und diese auch nicht in eine Rangfolge gebracht werden können (Rönz et al. 1994, S.328), wird bei der Kontingenzanalyse die Stärke des Zusammenhanges über das Ausmaß der Abweichung von der Unabhängigkeit untersucht (Holling und Gediga 2011, S.187). Dafür ist es notwendig die statistische Unabhängigkeit der Variablen zu ermitteln und daraufhin die Stärke des Zusammenhanges mithilfe darauf aufbauender Koeffizienten zu bestimmen.

2.2.1. Statistische Unabhängigkeit

Ob zwischen zwei Merkmalen eine statistische Unabhängigkeit besteht, lässt sich anhand der bedingten Häufigkeitsverteilung zeigen. Wenn diese für die Variable Y für alle Ausprägungen von X identisch sind. Das bedeutet, dass in jeder Zeile die gleiche bedingte Verteilung für Y steht. Formal entspricht die statistische Unabhängigkeit der Verteilung $Y|X = x_i$ für alle i der Randverteilung von Y. Und auch umgekehrt $X|Y = y_j$ für alle j der Randverteilung von X (Jann, 2005, S.66). Demnach spricht man von einer Abhängigkeit, wenn sich die bedingten Häufigkeitsverteilungen einer Variablen für zwei oder mehrere Ausprägungen der anderen Variable unterscheiden (Holling und Gediga, 2011, S.156). Das Ausmaß der Abweichungen von der statistischen Unabhängigkeit lässt sich mit einem Vergleich der tatsächlichen Werte in der Kreuztabelle und der erwarteten Werte in der sogenannten Unabhängigkeitstabelle oder Indifferenztabelle bestimmen. Die Indifferenztabelle wird gebildet, indem man die absolute Häufigkeit der einen Variable (hier X) in der Tabelle stehen lässt und für das andere Merkmal die relativen Häufigkeitsverteilungen (hier Y) nimmt. Das Innere der Tabelle, welche die Werte zeigt, die vorliegen, wenn die Variablen unabhängig voneinander wären, bildet sich dann durch das Produkt der jeweiligen relativen und absoluten Häufigkeit (vgl. Tabelle 5). Formal bedeutet das $\tilde{h}_{ij} = \frac{h_{.j}}{n} * h_{i.}$. Die Randverteilungen sind weiterhin die absoluten Häufigkeiten, wie bei der Kontingenztabelle. Die Ergebnisse werden nun mit der ursprünglichen Kreuztabelle verglichen und je mehr sich die Werte der beiden Tabellen unterscheiden, desto größer ist der Zusammenhang zwischen den Merkmalen (Holling und Gediga, 2011, S.189).

	Lieblingsfach in der Schule					
Geschlecht	Sprachen	Ma/NW	Sport	Ku/Mu	Sonst.	Gesamt
männlich	179,2	354,9	104,3	55,6	174,0	868
weiblich	126,8	251,1	73,7	39,4	123,0	614
Gesamt	306	606	178	95	297	1482

Tabelle 5 Indifferenztabelle

Neben der Analyse mit einer Indifferenztabelle kann man die statistische Unabhängigkeit zweier Variablen auch mithilfe eines ähnlichen Verfahrens bestimmen. Der normierte Chi-Quadrat-Test (χ^2-Test) beschreibt die Höhe des Zusammenhangs von zwei Merkmalen. Es wird eine Null- und eine Alternativhypothese formuliert, wobei die Nullhypothese aussagt, dass die Variablen X und Y stochastisch unabhängig sind. Die Alternativhypothese sagt natürlich das Gegenteil aus (Voß und Buttler, 2000, S.446 ff.). Die allgemeine Formel lautet: $\chi^2 = \sum_{i=1}^{k} \sum_{j=1}^{m} \frac{(h_{ij}-\tilde{h}_{ij})^2}{\tilde{h}_{ij}}$ (Holling und Gediga, 2011, S.190). Im Zähler wird die Differenz der tatsächlichen und der erwarteten Ausprägung der Merkmale quadriert durch die erwartete Häufigkeit im Nenner normiert (Jann, 2005, S.70). Die Ergebnisse der χ^2-Statistik für das in dieser Arbeit verwendete Beispiel stehen in Tabelle 6.

	Lieblingsfach in der Schule				
Geschlecht	Sprachen	Ma/NW	Sport	Ku/Mu	Sonst.
männlich	22,29	8,25	1,31	10,88	2,78
weiblich	31,50	11,66	1,86	15,36	3,93

Gesamtsumme: $\chi^2 = 22,29 + 31,50 + \cdots + 2,78 + 3,93 = 109,82$

Tabelle 6 Chi-Quadrat-Statistik

Für den χ^2-Test liegen einige Eigenschaften vor. Zum einen wird der Wert des χ^2 größer, wenn die Differenz zwischen den erwarteten Häufigkeiten und den tatsächlich aufgetretenen sehr hoch ist. Es lässt darauf schließen, dass die beiden Variablen zusammenhängen. Ist der Wert dementsprechend klein, kann man folgern, dass nur ein schwacher Zusammenhang besteht. Ein Wert von $\chi^2=0$ wird so gut wie nie auftreten, da die Stichprobe durch Zufallsschwankungen verunreinigt ist. Selbst eine exakte Unabhängigkeit hat somit einen Wert größer Null (Jann, 2005, S.71). Des Weiteren bleibt das Ergebnis auch bei Vertauschung der Variablen in der Tabelle gleich. Das Maß ist jedoch von der Anzahl der Spalten und Zeilen und der Stichprobengröße abhängig.

Die χ^2-Statistik lässt keine Rückschlüsse auf die Richtung des Zusammenhanges zu und ist nicht normiert, was die Interpretation erschwert. Hierfür werden im nächsten Abschnitt verschiedene Normierungen beschrieben (Holling und Gediga, 2011, S.190).

2.2.2. Stärke des Zusammenhangs

Nachdem die statistische Unabhängigkeit der Variablen geklärt wurde, wird in diesem Abschnitt die Stärke des Zusammenhanges bestimmt. Hierfür können verschiedene Koeffizienten, die auf dem χ^2-Test beruhen, genutzt werden. Ziel dieser Maße ist es, die Abhängigkeit von der Anzahl der Spalten, Zeilen und der Gesamtzahl der Befragten loszuwerden. Der erste normierte Koeffizient heißt Cramers V und hat folgende Formel: $V = \sqrt{\frac{\chi^2}{n*\min(k-1,m-1)}}$ (Backhaus et al., 2016, S.371). Für das Beispiel ergibt das einen Wert für V=0,272.

Ein weiteres Maß zur Messung der Stärke des Zusammenhangs zwischen zwei nominalskalierten Variablen ist der Kontingenzkoeffizient K. Die Formel hierfür lautet: $K = \sqrt{\frac{\chi^2}{\chi^2+n}}$. Hier wird versucht die Abhängigkeit vom Stichprobenumfang zu minimieren. Allerdings kann hier nie ein Wert von 1 erreicht werden, da der Nenner immer größer ist als der Zähler. Deshalb wird der Kontingenzkoeffizient normiert und durch die Anzahl der Spalten und Zeilen geteilt um den korrigierten Kontingenzkoeffizienten zu erhalten. Die Formel: $K* = \frac{K}{K_{max}}$ mit $K_{max} = \sqrt{\frac{\min(k,m)-1}{\min(k,m)}}$ (Jann, 2005, S.71). Je nach Anzahl der Spalten und Zeilen der Kreuztabelle kann der perfekte Zusammenhang (entspricht 1) wie in den folgenden Tabellen 7 bis 10 auftreten. Werden die Werte aus dem Beispiel eingesetzt, ergibt sich ein Kontingenzkoeffizient K=0,263 und ein korrigierter Kontingenzkoeffizient K*=0,371.

0	1	1	0	0	0	1	0	0	1	0	0	0
1	0	0	1	0	0	0	1	0	0	0	1	0
1	0	0	0	1	1	0	0	1	0	1	0	0
0	1								0	0	0	1

Tabelle 7 bis 10 Perfekter Zusammenhang in Tabellen mit unterschiedlicher Spalten- und Zeilenanzahl

Die Koeffizienten können Werte zwischen 0 und 1 annehmen. Wie bereits beschrieben, bedeutet ein Wert von 1 eine perfekte Abhängigkeit der Variablen. Der Wert 0 wiederum suggeriert eine Unabhängigkeit zwischen den Merkmalen. Wenn im Falle der Tabelle 7 weniger Spalten als Zeilen vorhanden sind, ist der perfekte Zusammenhang vorhanden, wenn in jeder Zeile der Tabelle ein Wert größer 0 steht und alle anderen gleich 0 sind. Bei einer Kreuztabelle mit mehr Zeilen als Spalten dagegen, enthält nur eine Zelle je Zeile einen Wert größer 0 bei perfekter Abhängigkeit (siehe Tabelle 8). Sind allerdings gleich viele Spalten und Zeilen, wie in Tabelle 9 und 10, so steht in jeder Spalte und in jeder Zeile nur ein Wert, der größer als 0 ist (Holling und Gediga, 2011, S.192).

Auf die Vierfeldertafel, eine 2×2- Kreuztabelle, können auch noch weitere Zusammenhangsmaße angewandt werden. Zum einen eine Form des Cramers V, welche nun Φ-Koeffizient heißt, und zum anderen das relative Risiko und das damit verbundene Odds Ratio. Der Phi-Koeffizient ist ein Assoziationskoeffizient zur Messung des Zusammenhangs zweier nominalskalierter, dichotomer Merkmale und kann Werte zwischen $-1 \leq \Phi \geq +1$ annehmen. Berechnet wird der Punkt-Korrelations-Koeffizient mit der Formel $\Phi = \frac{h_{11}h_{22} - h_{12}h_{21}}{\sqrt{h_{1\cdot} \ast h_{2\cdot} \ast h_{\cdot 1} \ast h_{\cdot 2}}}$ (Rönz et al., 1994, S.25). Auch hier wird der Wert bei absoluter Unabhängigkeit 0. Für Werte im positiven Bereich ergibt sich ein gleichsinniger Zusammenhang und für negative Ergebnisse ein gegensinniger Zusammenhang. Das Vorzeichen des Φ-Koeffizienten wird allerdings erst ab dem ordinalen Skalenniveau relevant (Jann, 2005, S.73).

Mithilfe der bedingten Häufigkeit einer Vierfeldertafel kann man auch das Risiko bzw. die Chancen, auch Odds Ratio genannt, ausrechnen. Das relative Risiko wird häufig für klinische und epidemiologische Analysen genutzt und wird durch das Verhältnis der beiden bedingten Häufigkeiten dargestellt. Die Formel lautet daher: $relatives\ Risiko = \frac{h_{11}/h_{1\cdot}}{h_{21}/h_{2\cdot}}$. So kann analysiert werden, wie hoch das Risiko für eine spezifische Gruppe in Zusammenhang zu dem Risiko für eine Referenzgruppe ist (Holling und Gediga, 2011, S.201). Ein ähnliches Zusammenhangsmaß ist das Odds Ratio. Hier wird im Gegensatz zum relativen Risiko die bedingte Chance des Zutreffens eines Merkmales errechnet. Die Formel wird folgendermaßen dargestellt: $OR = \frac{h_{11}/h_{12}}{h_{21}/h_{22}} = \frac{h_{11}h_{22}}{h_{12}h_{21}}$. Der Koeffizient wird auch Kreuzproduktverhältnis genannt, weil das Produkt der bedingten Häufigkeiten der Haupt- und der Nebendiagonale ins Verhältnis gesetzt wird. Auch bei diesen Koeffizienten liegt eine Unabhängigkeit der Variablen vor, wenn das Ergebnis 1 ist. Bei Werten größer 1 ist das Produkt der Hauptdiagonale größer als das der Nebendiagonale und für Werte kleiner 1 gilt das Gegenteil (Jann, 2005, S.68).

Da in dieser Arbeit die Prüfung des Zusammenhangs nur für nominalskalierte Merkmale durchgeführt wurde, soll im Folgenden kurz auf die Besonderheiten der anderen Skalenniveaus und die dafür vorgesehenen Zusammenhangsmaße eingegangen werden. Zunächst zu den ordinalskalierten Variablen. Auch hier besteht zwischen den Werten kein genau definierter Abstand, allerdings kann man sie in eine Rangfolge bringen (Rönz et al., 1994, S.329). Zur Prüfung der Stärke des Zusammenhangs nutzt man bei diesem Merkmal zum Beispiel Spearmans Rangkorrelation, welche der Produkt-Moment-Korrelation entspricht, oder auf Konkordanz und Diskordanz basierende Maße wie das Goodman-Kruskal γ. Hier kann neben der Stärke auch die Richtung des Zusammenhangs bestimmt werden. Das heißt, ob die Beziehung zwischen den Variablen positiv oder negativ ist (Rinne, 1997, S.84 ff.). Für kardinalskalierte oder auch metrische Variablen, die sich in Intervall-, Verhältnis- und Absolutskalen einteilen lassen, verwendet man Kovarianz-Korrelationskoeffizienten, wie zum Beispiel den Fechnerschen Korrelationsindex oder auch den Korrelationskoeffizienten von Bravais und Pearson (Rinne, 1997, S.91 ff.). Die Merkmale sind sowohl in eine Rangfolge einzuordnen als auch messbar, somit können Abstände quantifiziert werden (Rönz et al., 1994, S.329). Als letztes Zusammenhangsmaß ist noch das η^2 (Eta-Quadrat) bzw. der Koeffizient η zu erwähnen. Er wird verwendet, wenn die Beziehung zwischen einem nominal- und einem metrischen Merkmal zu bestimmen ist (Holling und Gediga, 2011, S.205).

3. Zusammenfassung und praktische Anwendungsfelder

Die Verwendung einer Kreuztabelle und der zugehörigen statistischen Verfahren zur Analyse von Zusammenhängen zwischen zwei Variablen ist eine weit verbreitete Methode, da sie an sehr wenige Voraussetzungen gebunden ist. Allerdings sollte man beachten, dass die Auswahl des richtigen Zusammenhangsmaßes sehr entscheidend für die Ergebnisse dieses statistischen Verfahrens ist. Die genaue Einordnung des Skalenniveaus, der zu untersuchenden Variablen, bestimmt über die Anwendbarkeit der Kreuztabelle bzw. der Koeffizienten. Zudem muss genau geklärt werden, was durch die Untersuchung herausgefunden werden soll. So ist es wichtig, dass die Wahl der Variablen auch den Sachverhalt widerspiegelt, da ansonsten Zusammenhänge falsch konstruiert werden oder gar verdeckt werden (Backhaus et al., 2016, S.358).

Die Kreuztabellen werden vor allem im sozialwissenschaftlichen Bereich verwendet, um zum Beispiel Abhängigkeiten zwischen Einkommensklassen, Beruf, Geschlecht und dem Konsumverhalten oder Wahlverhalten aufzudecken. Aber auch in der klinischen und epidemiologischen Forschung, um Zusammenhänge zwischen dem Auftreten von Krankheiten und dem Beruf, Geschlecht oder dem Alter zu analysieren.

4. Literaturverzeichnis

Abele, Andrea E.; Schute, Manuela; Andrä, Miriam S. (1999): Ingenieurin versus Pädagoge. Berufliche Werthaltungen nach Beendigung des Studiums. In: *Zeitschrift für Pädagogische Psychologie* 13 (1/2), S. 84–99. DOI: 10.1024//1010-0652.13.12.84.

Backhaus, Klaus; Erichson, Bernd; Plinke, Wulff; Weiber, Rolf (2016): Multivariate Analysemethoden. Eine anwendungsorientierte Einführung. 14., überarbeitete und aktualisierte Auflage. Berlin, Heidelberg: Springer Gabler. Online verfügbar unter http://dx.doi.org/10.1007/978-3-662-46076-4.

Fromm, Sabine; Baur, Nina (2008): Datenanalyse mit SPSS für Fortgeschrittene. Ein Arbeitsbuch. 2., überarbeitete und erweiterte Auflage. Wiesbaden: VS Verlag für Sozialwissenschaften / GWV Fachverlage GmbH Wiesbaden. Online verfügbar unter http://dx.doi.org/10.1007/978-3-531-91034-5.

Holling, Heinz; Gediga, Günther (2011): Statistik - deskriptive Verfahren. 1. Aufl. Göttingen: Hogrefe Verlag. Online verfügbar unter http://elibrary.hogrefe.de/9783840921346/U1.

Jann, Ben (2005): Einführung in die Statistik. 2., bearb. Aufl. München: Oldenbourg (Hand- und Lehrbücher der Sozialwissenschaften). Online verfügbar unter http://www.oldenbourg-link.com/isbn/9783486710922.

Rinne, Horst (1997): Taschenbuch der Statistik. 2., überarb. und erw. Aufl. Thun: Deutsch.

Rönz, Bernd; Strohe, Hans Gerhard; Eckstein, Peter (1994): Lexikon Statistik. Wiesbaden: Gabler.

Voß, Werner; Buttler, Günter (Hg.) (2000): Taschenbuch der Statistik. Mit 126 Tabellen. München: Fachbuchverl. Leipzig im Hanser Verl.

BEI GRIN MACHT SICH IHR WISSEN BEZAHLT

- Wir veröffentlichen Ihre Hausarbeit, Bachelor- und Masterarbeit

- Ihr eigenes eBook und Buch - weltweit in allen wichtigen Shops

- Verdienen Sie an jedem Verkauf

Jetzt bei www.GRIN.com hochladen und kostenlos publizieren